BEI GRIN MACHT SICH IHR WISSEN BEZAHLT

Linda Liebl

Straßenraum im gesellschaftlichen Wandel

GRIN Verlag

Bibliografische Information der Deutschen Nationalbibliothek:

Die Deutsche Bibliothek verzeichnet diese Publikation in der Deutschen National-
bibliografie; detaillierte bibliografische Daten sind im Internet über http://dnb.d-
nb.de/ abrufbar.

Impressum:

Copyright © 2006 GRIN Verlag GmbH
Druck und Bindung: Books on Demand GmbH, Norderstedt Germany
ISBN: 978-3-640-26560-2

Dieses Buch bei GRIN:

http://www.grin.com/de/e-book/122070/strassenraum-im-gesellschaftlichen-wandel

GRIN - Your knowledge has value

Der GRIN Verlag publiziert seit 1998 wissenschaftliche Arbeiten von Studenten, Hochschullehrern und anderen Akademikern als eBook und gedrucktes Buch. Die Verlagswebsite www.grin.com ist die ideale Plattform zur Veröffentlichung von Hausarbeiten, Abschlussarbeiten, wissenschaftlichen Aufsätzen, Dissertationen und Fachbüchern.

Besuchen Sie uns im Internet:

http://www.grin.com/

http://www.facebook.com/grincom

http://www.twitter.com/grin_com

Leibniz Universität Hannover, Fachbereich Architektur und Landschaft, Fachgruppe Landschaft, Institut für Freiraumentwicklung

Straßenraum

im gesellschaftlichen Wandel

Bearbeiterin: Linda Liebl

Seminar *Freiräume im gesellschaftlichen Wandel* im WS 2005/ 06

Inhalt

1. Definition Straßenraum

„Straßenraum" ist öffentlicher Raum, den jeder frei nutzen kann. Er setzt sich zusammen aus der Straßenfläche, den Fuß- und Radwegen, sowie großen und kleinen Plätzen. Er ist öffentlicher Multifunktionsraum, der unterschiedlichsten Anforderungen gerecht werden muss. Der stetig steigende individuelle Mobilitätsanspruch und das damit wachsende Verkehrsaufkommen dominiert die Straßen. Gleichzeitig übernimmt der Straßenraum jedoch auch Funktionen wie Versorgung, Repräsentation und Kommunikation. Straßen stellen also nicht nur räumliche, sondern auch soziale Verbindungen her, indem sie die Menschen zusammen bringen und einen alltäglichen Lebensraum bieten.

1.1 Straße

Der Begriff „Straße" ist eine allgemeine Bezeichnung für Verkehrswege, über die auch Kraftfahrzeuge fahren können. So sagt eine Definition aus dem „Wörterbuch Allgemeine Geographie":

„Straße: (...) im engeren Sinn ein befestigter und unterhaltener Landesverkehrsweg für den Straßenverkehr, insbesondere den Kraftfahrzeugverkehr. Ein Verkehrsweg gilt vor allem dann als Straße, wenn er ganzjährig und weitgehend witterungsunabhängig auch für größere Fahrzeuge befahrbar ist. Je nach der Verkehrsbedeutung und der Regelung der Straßenbaulast unterscheidet man die verschiedenen Arten der klassifizierten Straßen, die in modernen Industriestaaten jeweils eigene Straßennetze bilden. Nach ihrer Funktion kann man die Straße differenzieren z.B. nach Wohn-, Geschäfts-, Hauptverkehrs-, Kraftfahrzeug-, Land- und Innerortsstraße und Autobahnen, nach ihrer Lage gibt es z.B. Berg-, Paß-, Küsten-, Uferstraßen usw. (...)" (LESER et al. 1997: 840)

An dieser Definition von 1997 lässt sich erkennen, dass die Straße wie anfangs beschrieben ihre Funktion als Aufenthaltsort und Treffpunkt verloren hat und mehr und mehr auf den motorisierten Verkehr ausgerichtet ist. Das Wörterbuch sagt mit keinem Wort etwas über die Nutzung des unmotorisierten Verkehrs, nichts über die Gefahr für Kinder oder alte Menschen, die von der Straße ausgeht, nichts über die große Menge an Straßen, die die Landschaft überall zerschneiden und die Umwelt zerstören.

1.2 Fußwege und Radwege

Fuß- und Radwege sind kleinere Verkehrswege, auf denen der Kraftfahrzeugverkehr verboten ist. Meist treten diese Wege begleitend von Straßen auf. Diese räumliche Trennung der langsamen und der schnellen Verkehrsteilnehmer soll die Verkehrssicherheit gewährleisten. Häufig führt sie aber auch dazu, dass gar kein oder nur ein sehr geringer Teil des gesamten Verkehrsweges als Fuß- und/ oder Radweg definiert ist und dadurch die

Nutzung für die langsamen Verkehrsteilnehmer als ungemütlich und sogar gefährlich empfunden wird.

Je breiter ein Verkehrsweg ist und je schneller der Verkehr auf ihm abläuft, desto deutlicher ist die Trennung von Straße, Fuß- und Radweg ausgeprägt und desto mehr Platz wird dem motorisierten Verkehr eingeräumt. In Wohnstraßen mit einem Tempolimit von 30 km/h wird teilweise gar keine Unterscheidung gemacht oder der Fußweg wird durch einen Materialwechsel im Bodenbelag verdeutlicht. Städtische Hauptstraßen mit einem Tempolimit von 50 km/h haben meist einen erhöhten Bürgersteig und oft einen farblich gekennzeichneten Radweg. Auf größeren Stadtstraßen wird der Fuß- und Radweg dann sogar durch bauliche Barrieren abgeteilt, um die Verkehrssicherheit zu gewährleisten. Diese Straßen sehen häufig mehrere Spuren für den motorisierten Verkehr vor, in großen Städten führen zudem die Straßenbahnschienen über die Straße, so dass die Straße sehr breit wird.

Außerorts gibt es Landstraßen, an denen teilweise baulich getrennte Radwege entlang führen, während eine Nutzung durch Fußgänger meist gar nicht vorgesehen ist. Autobahnen treiben diese Tendenz auf die Spitze. In Deutschland gilt auf ihnen in der Regel kein Tempolimit für den motorisierten Verkehr, Fußgängern und Radfahrern ist ihre Benutzung untersagt.

Andererseits gibt es aber auch Wege, auf denen der Kraftfahrzeugverkehr verboten ist. Hierbei handelt es sich in erster Linie um Wald- und Wanderwege sowie Radwanderwege. Diese Wege sind ausschließlich dem unmotorisierten Verkehr und land- und forstwirtschaftlichen Fahrzeugen vorbehalten und dienen der Erholung und sportlichen Betätigung.

In den Innenstädten sind häufig Fußgängerzonen ausgewiesen, aus denen ebenfalls der motorisierte Verkehr und meist auch Fahrräder ausgeschlossen werden. Diese Zonen sind die einzigen Bereiche in heutigen Städten – abgesehen von verkehrsberuhigten Wohnstraßen (z.B. Spielstraßen) – , in denen der Straßenraum wieder als Aufenthaltsort und Treffpunkt genutzt wird.

1.3 Plätze

Auch Stadtplätze sind Teil des öffentlichen Straßenraums. Einige Plätze sind mit Einführung des Automobils dem Straßenbau zum Opfer gefallen. So wurde zum Beispiel der Waterloo Platz in Hannover zur Hälfte mit einer großen Straße überbaut und der Alexanderplatz in Berlin war schon Mitte der 30er Jahre der verkehrsreichste Platz Berlins. Viele andere Plätze sind aber auch erhalten geblieben und sind heute größtenteils verkehrsfreie oder -beruhigte Bereiche. Diese Orte werden häufig als Markt- oder Festplätze genutzt, während kleinere Plätze als Treffpunkte für Kinder und Jugendliche dienen. Teilweise werden sie als Spielplätze genutzt, mit Parkbänken ausgestattet und ansprechend begrünt.

2. Die Stadt vor 1800

Der Straßenraum ist vor allem in Städten ein sehr prägendes Element, da er – abgesehen von einigen wenigen Grünanlagen und Parks – nahezu den gesamten öffentlichen Freiraum ausmacht. Aus diesem Grund behandelt diese Arbeit schwerpunktmäßig die Bedeutung des Straßenraums in der Stadt und deren Veränderungen im Laufe der Geschichte. Des Weiteren bezieht sich der Text mit Beginn des Städtebaus in Deutschland im Mittelalter nur noch auf deutsche Städte, da eine weltweite Betrachtung den Rahmen dieser Arbeit überschreiten würde.

2.1 Die Stadt im antiken Griechenland

Im antiken Griechenland (3./4. Jhd. v. Chr.) war der Straßenraum fester Bestandteil des alltäglichen Lebens. Selbstverständlich erfüllten Straßen auch damals schon in erster Linie die Funktion des Verbindungsweges. Immerhin waren die Griechen die Ersten, die ein regelmäßiges Straßennetz, aufgeteilt in Haupt- und Nebenstraßen, aufgebaut haben (LÄSSIG et al. 1968: 10). Durch den geringen Verkehr diente der Straßenraum jedoch hauptsächlich als Marktplatz (Agora) und Bühne für Schauspiele, Sänger und Geschichtenerzähler. Nicht zuletzt war die Straße der Ort der Begegnung und Kommunikation, hier wurden alle wichtigen Neuigkeiten ausgetauscht. An Feiertagen trug man seine beste Kleidung und zeigte sich auf den Straßen, um bewundert zu werden und den neusten Tratsch und Klatsch über die Nachbarn zu erfahren.

2.2 Die Bedeutung der Straße im alten Rom

Im römischen Weltreich wurde ein ganzes System fest ausgebauter Straßen angelegt, das alle Städte des Reiches miteinander verband. Auch in den Städten gab es genau geplante Straßensysteme. Häufig wurde die Stadt durch zwei sich im rechten Winkel kreuzende Straßen aufgeteilt. Außerdem gab es sogenannte Säulenstraßen, deren Seiten von Säulen gesäumt wurden, hinter denen sich Läden

Abb. 1: Die Ruinen der gepflasterten Via Appia

befanden (LÄSSIG et al.: 1968: 10). Da das Stadtgebiet Roms relativ klein war und zur Kaiserzeit von etwa 700.000 bis 1 Mio. Menschen bevölkert wurde, waren auch die Straßen überfüllt, so dass tagsüber ein Fahrverbot für Fuhrwerke herrschte. Auf den Straßen drängten sich nicht nur die vielen Passanten, sie wurden zusätzlich von den Ständen fliegender Händler, den Tischen der Wirtschaften und von vielen Tragetieren verstopft. Der Situation auf der Straße war dementsprechend unangenehm, laut und schmutzig. Nachts, wenn das Fahrverbot aufgehoben war, kam es durch die vielen Fuhrwerke zu langen Staus, die von den lauten Flüchen und Peitschenknallen der Kutscher begleitet wurden (ZWACK). Die hygienischen Verhältnisse waren im Vergleich zum Mittelalter zwar noch recht gut, aber dass Nachttöpfe auf der Straße ausgeleert wurden, war keine Seltenheit. Die schlechte Luft über Rom rührte allerdings hauptsächlich von den „Abdeckereien, Färbereien, Gerbereien oder Tuchwalkereien und den zur Leichenverbrennung errichteten Scheiterhaufen" her, die bei Windstille zu einer regelrechten Smog-Glocke über der Stadt führten (ZWACK).

In Rom waren ein Drittel der Tage im Jahr offizielle Feiertage, an denen auf den Straßen Feste gefeiert wurden. Zum Beispiel das Forum Romanum, das ursprünglich als Marktplatz gebaut worden war, wurde zum Zentrum des gesamten öffentlichen Lebens. Hier fanden Prozesse, Wahlen sowie religiöse und weltliche Zeremonien statt, bei denen aus dem Markt eine Art Stadion wurde (HINTERMANN & YANAY).

2.3 Die Stadt im Mittelalter

Im Mittelalter sind die mühsam errichteten Straßen der Römer, die sich durch das gesamte römische Reich zogen, vernachlässigt worden und zerfielen allmählich. In den mittelalterlichen Städten gab es zumeist ein sehr unregelmäßiges Straßennetz mit schmalen Straßen und Gassen, an denen sich die Häuser einfacher Bürger aneinander reihten (LÄSSIG et al 1968: 10 f.). Diese waren bis ins 15. Jhd. zumeist nicht gepflastert, nur die öffentlichen Plätze und die Gassen der reicheren Bewohner hatten einfache Beläge. Die mittelalterlichen Städte waren meist sehr überfüllt, bedingt durch ein starkes Bevölkerungswachstum zwischen dem 11. und der Mitte des 14. Jahrhunderts und durch eine verstärkte Landflucht. Zu dieser Zeit war der öffentliche Brunnen der Mittelpunkt des Geschehens. Hier wurde nicht nur das alltäglich benötigte Wasser geholt, sondern es wurden auch alle wissenswerten Informationen ausgetauscht. Auch der Marktplatz war ein beliebter Treffpunkt, auf dem der Handel abgewickelt wurde und auch sonstige Besorgungen gemacht werden konnten. So fanden zum Beispiel medizinische Behandlungen in der Öffentlichkeit auf dem Marktplatz statt (LANDKREIS DARMSTADT-DIEBURG: 1).

In den Städten des Mittelalters waren die Straßen besonders schmutzig und unhygienisch. Es gab keine Aborte oder Latrinen, so dass die Nachttöpfe direkt auf die Straße entleert wurden. Ebenso wurden alle Abfälle, von den Küchenabfällen über die Knochenreste der Metzger bis hin zum benutzten Verbandszeug der Ärzte, auf der Straße entsorgt. Dazu kam noch das frei umherlaufende Vieh wie Schweine und Hühner, das in den Abfällen herumstöberte und diese fraß und durch seine Ausscheidungen zusätzlich die Straßen verunreinigte. Teilweise entstanden regelrechte Umweltprobleme, wenn die Gerber und Färber ihre Abfälle direkt in die Bäche und Flüsse der Stadt einleiteten. Ein mittelalterlicher Roman beschreibt die Situation in den Schlachtervierteln folgendermaßen: „Fette schwarze Ratten hockten an den blutigen Pfützen und fischten mit ihren rosa Pfoten Fleischabfälle heraus." (Gablé 2001: 751) Auch die akustische Lage in

Abb. 2: Eine mittelalterliche Gasse

den Stadtstraßen war immer noch sehr belastend. Das Hämmern und Sägen der unterschiedlichen Handwerker und die Fuhrwerke sorgten für einen hohen Lärmpegel.

Die Straßen waren zu diesen Zeiten also sicherlich kein angenehmer Aufenthaltsort, es war eng, dreckig, laut und es hat gestunken. Die Straßen waren sehr eng. Selbst eine der wichtigsten Straßen in Köln, die Hohe Straße war im Durchschnitt etwa 11 m breit. Nur die Markstraßen waren etwas breiter (LÄSSIG et al. 1968: 10).

Ab dem 13. Jhd. wurde man sich bewusst, dass diese Verhältnisse nicht förderlich sind, um Händler und Kaufleute anzulocken. Daher wurde es verboten, Abfälle auf die Straßen zu werfen und es wurde in jedem Haus ein Latrine eingerichtet. Im Laufe der Zeit wurden Abflusssysteme und eine Kanalisation entwickelt, so dass die Straßen ein wenig entlastet wurden (LANDKREIS DARMSTADT-DIEBURG: 3).

2.4 Die Straße in der Frühen Neuzeit

In der Renaissance begann ein völlig neuer Abschnitt der Stadtbaukunst. Die Architekten beschäftigten sich mit dem Gedanken der geometrischen und geordneten Stadt als Idealstadt. Diese Ordnung ging gleichzeitig mit einem Streben nach Weiträumigkeit einher, das sich auch auf den Straßenraum auswirkte. Die Straßen wurden gerader und breiter gebaut, so dass sie teilweise sogar noch zusätzlich durch Alleen unterteilt werden mussten (LÄSSIG et al. 1968: 11).

Im Barock wurden diese Gedanken weitergeführt und die Straße nahm zunehmend eine politische Funktion an. Die Breite und Ordnung der Straße repräsentierte die Macht des neuen Bauherrn. Nun durfte nicht mehr gebaut werden, wie es sich ergab, sondern es mussten feste Pläne eingehalten werden, die zum Beispiel die Ausführung der Fassaden oder der Farbgebung vorschreiben. Diese Entwicklung fiel zusammen mit der Entdeckung der Zentralperspektive im 15. Jahrhundert. Die Straße wurde nun nicht mehr willkürlich gebaut, sondern bewusst gestaltet und der Raum durch tiefe Perspektiven optisch erweitert (ebd.: 12).

3. Die Stadt nach 1800

3.1 Die Straße als Lebensraum

Im 19. Jahrhundert dominierten Pferde das Straßenbild, es gab nur wenige, langsame Fahrzeuge, so dass sich auch der Lärm – im Gegensatz zu heute – in Grenzen hielt. Damals wurden schon die Peitschenknalle einzelner Fuhrwerke als ruhestörender Lärm empfunden. Die hygienischen Probleme waren nur teilweise gelöst. Inzwischen hatte jedes Haus eine Latrine, die Straßen waren jedoch größtenteils noch nicht befestigt, so dass sie bei schlechtem Wetter sehr schnell matschig und schlammig wurden. Auch die Ausscheidungen der Pferde und des Viehs blieben auf der Straße liegen und machten sie matschig und stinkend.

Der Straßenraum war immer noch der wichtigste Lebensraum des Arbeits- und Gemeinschaftslebens, auf dem das gesamte öffentliche Leben stattfand. Kinder nutzten ihn als Spielplatz, für die Erwachsenen diente er als Ort der Unterhaltung und Entspannung nach einem anstrengenden Arbeitstag. Gerne wurde die Straße auch als eine Art Bühne benutzt, auf der man sich selbst zeigen und andere Leute beobachten konnte.

Abb. 3: Die Dorfstraße als täglicher Lebensraum

Es gab viele Feste, die auf den Straßen stattfanden, wie „Kirmes, Schützenfest, Karneval, Markttage, Maifeste, Umzüge und Prozessionen zu den verschiedensten Terminen.", an denen auch die Straßen herausgeputzt wurden.

Für die damalige Bevölkerung war die Straße dennoch ein wenig angenehmer Ort. Sie war ein Ort des Lasters, der Gewalt, Zerstörung und Willkür. Gerade um 1800 herum war die Gefahr durch Räuberbanden, die die Straßen unsicher machten, besonders hoch (LANGENSIEPEN 1990: 16 f.). Für Leute, wie Händler und andere Berufsgruppen, deren Markt für ihre Waren stark beschränkt war und somit ein ständiges Umherziehen notwendig machte, waren die Straßenverhältnisse ein ständiger Grund der Sorge. Gerade bei armen Menschen und Bettlern kam es häufig vor, dass sie in die Gruppe der Banditen wechselten, um ihren „Lohn" aufzubessern (LANGENSIEPEN 1990: 5).

3.2 Die Pferde- und Straßenbahn

Die ersten Pferdebahnen gab es schon Ende des 18. Jahrhunderts, ihre Blütezeit war jedoch in den 1830er Jahren. Viele der Pferdebahnen wurden schon kurze Zeit später von dampfbetriebenen Eisenbahnen abgelöst oder die Strecken wurden stillgelegt, im innerstädtischen Bereich blieb der Antrieb mit Pferden jedoch länger bestehen. So wurden in den 1880er Jahren auch die ersten Straßenbahnen noch von Pferden gezogen. Zum Beispiel in Berlin wurde 1865 die erste Pferdestraßenbahn eingeweiht. Da der Unterhalt dieser Bahn jedoch sehr teuer und aufwendig war, suchte man nach anderen Antriebsmöglichkeiten. Bereits 1901 löste dann die elektrische Straßenbahn die Pferdebahn vollständig ab. In Berlin wurde mit Absicht auf dampfbetriebene Wagen verzichtet, da diese wegen ihrer großen Rauch- und Geruchsbelästigung im dichten Stadtgebiet keinen Zuspruch gefunden hätte.

Wie Abbildung 4 zeigt, fand bereits mit Einführung der Pferdebahn eine gewisse Trennung der Funktionen auf der Straße statt. Die Mitte der Straße ist für die Bahn reserviert, während die Fußgänger sich am Straßenrand drängen und den für damalige Verhält-nisse schnellen Gefährten Platz machten. Ein Ausschnitt aus einem Zeitungsartikel von 1880 zeigt, dass die Geschwindigkeit der Pferde- und der elektrischen Straßenbahn der dama-ligen Bevölkerung Angst eingejagt hat und sie daher respektvollen Abstand gehalten hat:

Abb. 4: Linzer Pferdebahn 1832

Abb. 5: Berlin um 1902

„Wer mit der Pferdebahn über die Potsdamer Brücke in der Richtung nach dem Leipziger Platz fährt, wird in dem Moment, wenn der Wagen aus der scharfen Kurve dicht an der dort mitten auf der Straße stehenden großen Pappel vorüberjagt, kaum eines bangen Gefühls sich erwehren können. Man fürchtet dann unwillkürlich, der Wagen könne hier entgleisen oder mit einem anderen Gefährt carambolieren und gegen den Baum geschleudert werden. (...)" (STRASSENBAHN BERLIN)

Das Aufkommen der Pferde- und Straßenbahnen führten auch dazu, dass die Menschen nun weitere Entfernungen schneller und vor allem kostengünstiger zurücklegen konnten. Man musste nicht selbst ein Pferd oder einen Wagen besitzen, um sich innerhalb einer großen Stadt fortbewegen zu können oder sogar in eine andere Stadt zu reisen. Diese Möglichkeiten führten zu einer ersten Entfremdung der Menschen von ihrem Stadtteil. Vorher war man an seine unmittelbare Umgebung gebunden, kannte daher alle Nachbarn und konnte sich gut mit dem eigenen Stadtteil identifizieren. Durch die zunehmende Mobilität wurde den Menschen der eigene Stadtteil zunehmend fremder und sie suchten sich für seine Freizeitgestaltung die Stadtgebiete aus, die ihnen am besten gefielen.

Des Weiteren führte die neue Mobilität der Massen zu einer Funktionstrennung innerhalb der Stadt. So entwickelten sich zum Beispiel durch Gewerbe geprägte Gebiete oder schwerpunktmäßige Wohngebiete. Nicht nur die Stadt wurde nach Funktionen aufgeteilt, sondern auch die Straße selbst wurde zum ersten Mal in verschiedene Bereiche gegliedert. Auf Abbildung 5 ist gut zu erkennen, dass Fuhrwerks- bzw. Straßenbahnverkehr und Fußgängerverkehr in der Berliner Innenstadt bereits 1902 baulich getrennt waren.

3.3 Die Eroberung der Straße durch das Automobil

1886 wurde das erste Automobil von Carl Benz gebaut. Zum allgemein erschwinglichen Transportmittel wurde es aber erst nach dem ersten Weltkrieg durch die Fließbandproduktion von Henry Ford. Von da an stieg der motorisierte Straßenverkehr stetig an. 1960 wurden in Deutschland bereits 8 Mio. Fahrzeuge registriert. Dem folgte in den nächsten 10 Jahren eine rasante Steigerung auf 17 Mio.,1980 waren es 26 Mio. 1997 war die Zahl bereits auf 41 Mio. Kraftfahrzeuge in den alten Bundesländern angestiegen. Wenn man gleichzeitig das Bevölkerungswachstum in dem beschriebenen Zeitraum betrachtet, wird der immense Anstieg von Automobilen erst richtig deutlich: 1960 kamen auf 1000 Einwohnen 71 PKW, während es 1997 504 PKW pro 1000 Einwohner waren (LIMBOURG 1998: 1).

Dieser exponentielle Anstieg der Autos führte vermehrt zum Bau breiter und gerader Straßen, so dass schon bald eine automobile Infrastruktur entstand. Das heißt, die Straßen und somit die gesamten Städte passten sich nach und nach den Bedürfnissen der Autos an. Diese Anpassung führte zum Verlust vieler Funktionen des Straßenraumes, wie zum Beispiel der Straße als Lebensraum. Die Funktion als Verkehrsweg für Kraftfahrzeuge stand im Vordergrund, während die unmotorisierten Verkehrsteilnehmer unbemerkt zur Seite gedrängt wurden (SCHOTT: 11). Nicht nur die Fußgänger wurden in dem neuen Straßenkonzept vernachlässigt, sondern auch viele Häuser und ganze Straßenzüge fielen dem Straßenbau zum Opfer.

Obwohl sich in der Mitte der 1920er Jahre erst allmählich private Fahrzeuge in den Straßenverkehr mischen, waren schon damals die bestehenden Straßen zu eng für den hauptsächlich öffentlichen Verkehr. Als Reaktion auf das steigende Verkehrschaos, stellte 1925 Erich Giese, Honorarprofessor für Großstädtisches Verkehrs- und Eisenbahnwesen an der TH Berlin, seine Studie „Straßendurchbrüche als Mittel zur Lösung des Berliner Verkehrsproblems" vor.

Abb. 6: Berlin 1926

Darin sagte er unter anderem: *„Die Anlage der Straßen muß so sein, daß Verkehrsanhäufungen an verhältnismäßig wenigen Punkten vermieden werden und daß der Verkehr eine gute Abwicklung und Verteilung erfährt. Die Verkehrsknotenpunkte müssen daher durch die Öffnung anderer Verkehrsstraßen eine angemessene Auflösung erfahren. An die Stelle der Zentralisation muß die Dezentralisation des Verkehrs treten. Hierzu sind Straßendurchbrüche ein unerläßliches Erfordernis. Sie sind das naheliegendste und zugleich das wirksamste Mittel zur Behebung der Verkehrsschwierigkeiten auf der Straße."* Diese Straßendurchbrüche sollten bestehende Straßen so miteinander verbinden, dass geradlinige Verkehrswege geschaffen werden, die auch von der Straßenbahn genutzt werden können (LUISENSTÄDTISCHER BILDUNGSVEREIN E.V.). Dass bei den vorgeschlagenen Maßnahmen teilweise sehr alte und erhaltenswerte Bauwerke vernichtet werden mussten, scheint für Herrn Giese keine Rolle gespielt zu haben.

Gleichzeitig setzte sich nach dem Ersten Weltkrieg aber auch das städtebauliche Leitbild der Moderne durch. Die Stadt wurde gegliedert und mit Licht, Luft und Grünzügen aufgelockert. So wurde zum Beispiel die Blockrandbebauung vielerorts von einer aufgelockerten Zeilenbebauung abgelöst. Die Wohndichte wurde begrenzt und sogenannte „Nachbarschaftseinheiten" eingerichtet, um der großstädtischen Anonymität entgegenzuwirken (BICK).

4. Die verkehrsbezogene Stadt

4.1 Wiederaufbauphase (1945 – 55)

Die Wiederaufbauphase nach dem Zweiten Weltkrieg stand in Anlehnung an die Weimarer Zeit unter dem Leitbild der „gegliederten und aufgelockerten Stadt", in der zum Beispiel das

Nachbarschaftsprinzip beibehalten werden sollte. Durch die vielen Kriegszerstörungen und den hohen Anteil an Zuwanderern von Flüchtlingen und Vertriebenen war jedoch die Wohnungsnot ein großes Problem, das die Stadtplanung unter Druck setzte, möglichst schnell neuen Wohnraum zu schaffen. Daher stand der schnelle Wiederaufbau und Bau neuer Wohnflächen im Vordergrund. Der Wiederaufbau der Städte unterschied sich je nach Zerstörungsgrad und auch nach konservativer und progressiver Stadtplanung. So wurde zum Beispiel Münster eher in konservativer Weise wieder aufgebaut. Das heißt, die Stadt wurde größtenteils nach altem Vorbild wieder hergestellt, ohne das Leitbild der „gegliederten und aufgelockerten Stadt" zu berücksichtigen. Hannover hingegen ist ein Beispiel für progressive Stadtplanung. Hier wurde der Wiederaufbau von vornherein als eine Aufgabe der Neugestaltung der Stadt verstanden. Der Stadtraum wurde durch Freiräume strukturell und städtebaulich gegliedert und die für die Funktionsfähigkeit der Stadt erforderlichen modernen Verkehrswege diesen Gliederungselementen eingefügt, was die Integration in die Stadtstruktur erleichterte (HILLEBRECHT).

Das heißt also, dass in vielen progressiv wieder aufgebauten Städten schon in der Wiederaufbauphase der motorisierte Individualverkehr mitberücksichtigt und die Straßen verbreitert bzw. das Straßensystem ausgebaut wurde. Im selben Zuge wurden jedoch auch Grünstreifen entfernt und sogar Häuserzeilen und Platzecken abgerissen, um Raum für den Verkehr zu schaffen.

Verantwortlich für diese Entwicklung war nicht zuletzt auch das Leitbild der „verkehrsgerechten Stadt", das den Wiederaufbau der Städte maßgeblich beeinflusste. Von 1950 bis 1955 hatte sich die Anzahl der Autos in Deutschland verdreifacht, so dass das Auto das Symbol des Fortschritts war. Und um diesem Symbol des Wirtschaftswunders Platz zu machen, wurden die Stadt und vor allem die Straßen ihm angepasst.

Abb. 7: Verkehrschaos in den 1950ern

Dadurch wurde der Straßenraum zu einer einzigen Verkehrsschneise, die Fußgänger kaum noch berücksichtigte und teilweise sogar völlig verbannte.

M. Sack schreibt dazu: *„(...) Niemals waren Stadtgrundrisse bei uns so radikal verändert worden wie nach dem Zweiten Weltkrieg, als die Grauen erregenden Trümmer den Planern das sogar nahezulegen schienen, nämlich die „veraltete" Stadt für die Zukunft passend zu machen. Städtebauern und Politikern fiel es zwar nicht immer leicht, aber dann unterwarfen sie sich dem „Sachzwang" doch und schlugen dem Verkehr eine Gasse. Eine Gasse! Es*

wurden vielspurige Durchgangsstraßen und Autobahnen mit monströsen Ab- und Auffahrten.
(...)" (SACK 1992: 26).

4.2 Autogerechte Stadt (1955 – 70)

Die stetig ansteigende Anzahl von Privatautos konnte Mitte der 50er Jahre selbst die verbreiterten und ausgebauten Straßen nicht mehr aufnehmen und es kam erneut zur Verkehrsnot. Ein Verkehrschaos wie zum Beispiel auf Abb. 7 war in diesen Tagen keine Seltenheit.

Dieser Verkehrsnot wurde mit einer radikalen Trennung der Verkehrsarten begegnet, die eine größere Fläche für den motorisierten Verkehr vorsah. So wurden im Zuge des Leitbildes der „autogerechten Stadt" zum Beispiel Tunnel gebaut und so der Verkehr auch innerhalb der Stadt beschleunigt. Außerdem wurden Ring- und Tangentialstraßen sowie Stadtautobahnen angelegt, auf denen der Hauptverkehr um die Stadt herum und durch sie hindurchgeleitet wurde (SCHOTT: 22 ff.). Diese Straßen waren angesichts der wachsenden Suburbanisierung vonnöten, um einen schnellen Pendlerverkehr zu ermöglichen.

Für den ruhenden Verkehr wurden Parkhäuser eingerichtet, um wieder mehr Platz auf den Straßen zu schaffen.

Alle diese Maßnahmen waren in erster Linie zur Entlastung der schmaleren innerstädtischen Straßen gedacht. Nicht jedoch, um für Fußgänger und Radfahrer mehr Platz zu schaffen und die Aufenthaltsqualität der Straßen zu erhöhen, sondern um dem Verkehrschaos entgegenzuwirken. Diese Entwicklung hat unbewusst jedoch auch dazu beigetragen, den Straßenraum auch für den unmotorisierten Verkehr wieder attraktiver zu machen.

Die Trennung der Verkehrsarten beinhaltete auch die Einführung von Fußgängerzonen, die meistens mit Einkaufspassagen gekoppelt waren. Diese Zonen können jedoch nicht mit dem Lebensraum verglichen werden, den zum Beispiel die mittelalterliche Straße darstellte, weil sie viel stärker als öffentlicher Raum empfunden wird, in dem man niemanden kennt, und weil in den meisten Fällen ein relativ weiter Weg von der Wohnung zu solchen Straßen zurückgelegt werden muss.

Auch die Wohngebiete wurden durch die Trennung der Verkehrsarten begünstigt. Der Durchgangs-verkehr wurde auf entsprechend großen Straßen um die Wohngebiete herumgeleitet, so dass in diesen wieder mehr Leben einkehrte.

Abb. 8: Fußgängerzone Nürnberg
(gegründet 1966)

5. Die menschengerechte Stadt

5.1 Richtungsänderung in der Stadtplanung (1971 – 80)

In den 1970er Jahren trat eine Art Desillusionierung ein, da sich die Stadt durch die Entwicklung zur autogerechten Stadt hauptsächlich nachteilig veränderte (SCHOTT: 27). Die Stadt war durch den zunehmenden Verkehr und die vielen großen Hauptverkehrsadern zu einem ungemütlichen Ort geworden, an dem niemand mehr gerne lebte. *„Die großstädtischen Lebensbedingungen bringen nicht nur Mobilität mit sich, sondern auch Hektik, Anonymität, soziale Isolation und Einsamkeit bei vielen Menschen. Psychische und soziale Belastungen bringen Gefährdungen für Familie, Kinder, Minderheiten und Benachteiligte."* (KIRCHENAMT 1984: 9) Das führte zu einer Stadtflucht der Bevölkerungsschichten, die wohlhabend genug waren, sich ein Haus auf dem Land zu leisten. Diese Entwicklung hatte viele negative Effekte, wie zum Beispiel erhöhten Pendlerverkehr zwischen der Peripherie und den Stadtzentren und zunehmende Parkplatzprobleme in den Innenstädten.

In den Altstädten kam es zu regelrechten Verkehrsinfarkten, weil die ohnehin zu engen Straßen von viel zu viel ruhendem Verkehr gesäumt wurden (ebd.: 28). Um dieses Verkehrsproblem zu lösen, wurde nun erstmals ein neuer Weg gewählt, da die alten zu keiner befriedigenden Lösung geführt hatten. Es wurde entgültig aufgegeben, die Stadt an den ständig wachsenden Verkehr anzupassen zu wollen. Stattdessen sollte nun der Verkehr an die Stadt angepasst werden. Der Verkehr sollte sinnvoll in das Gesamtsystem der Stadt eingebettet werden, dass heißt, er sollte in bestimmten Bereichen eingeschränkt werden und alles in allem nach Möglichkeit um die Stadt herumgeleitet werden.

Gleichzeitig wurden die Wohngebiete und die Zentren verbessert, um eine weitere Stadtflucht zu verhindern. Im Zuge der Wohnumfeldverbesserung Mitte der 70er Jahre wurden Denkmalschutzgesetze erlassen und vermehrt Fußgängerzonen eingerichtet. Insgesamt fiel die Stadt nicht weiter dem Straßenbau zum Opfer, so dass sich die Menschen wieder besser mit ihrem Umfeld identifizieren konnten und sich lieber in den Straßen ihres Wohngebietes – aber auch ihres Zentrums – aufhielten. Die steigende Anzahl von Fußgängerzonen kam dem Leben auf der Straße ebenfalls sehr zu gute. Diese Zonen nahmen stärker privaten Charakter an, dadurch dass in fast jedem Stadtteil ein kleiner verkehrsberuhigter Bereich entstand, auf dem man viele bekannte Gesichter treffen konnte. Hier wurde der Straßenraum wieder zu einem Multifunktionsraum (ebd.: 30).

Auch in den Alt- und Innenstädten sollte der Autoverkehr zurückgedrängt werden. Diese Bereiche sollten stattdessen für den wieder stärker wertgeschätzten Fußgängerverkehr attraktiver gestaltet werden (ebd.). Diese Forderung versuchten Stadtplaner zu verwirklichen, indem der öffentliche Verkehr stark ausgebaut und gefördert wurde, so dass der Innenstadtbereich verkehrsberuhigt werden konnte, ohne dass die Menschen weite

Fußwege von ihrem Auto in die Einkaufsbereiche zurücklegen mussten. Es gab sogar Vorschläge in den Innenstädten ein Lizenzsystem in Plakettenform für Autos einzuführen. Diese Lizenzen sollten gleichzeitig alternativ als „Freikarte" für die öffentlichen Verkehrsmittel genutzt werden können. Damit wäre der Besucher vor die Entscheidung gestellt worden, ohne zusätzliche Kosten mit den öffentlichen Verkehrsmitteln oder mit dem eigenen Auto, für das er allerdings die Betriebs- und Parkgebühren in der Stadt zusätzlich hätte zahlen müssen, in die Innenstadt zu fahren (HILL 1972: 45).

Dass eine völlig autolose Innenstadt eine Utopie ist, wurde schon bei den Planungen deutlich. Daher wurden zunehmend innenstadtnahe Tiefgaragen und Parkhäuser eingerichtet, um der Menge des ruhenden Verkehrs Herr zu werden. Außerdem wurden dezentrale große Parkplätze angelegt. Diese Entwicklung ermöglichte es, auch in den Innenstädten zunehmend Straßen und Plätze sowohl für den aktiven als auch für den ruhenden Autoverkehr zu sperren und dem Fußgängerverkehr vorzubehalten.

5.2 Stadtentwicklung von 1980 bis heute

Die neue Richtung wurde seitdem stetig weiterverfolgt und erweitert. In den 80er Jahren rückte der Mensch zunehmend ins Zentrum des Interesses, was auch die Gestaltung des Straßenraums weiterhin veränderte und dem Leitbild der „menschengerechten Stadt" annäherte (SCHOTT: 31). Tatsächlich spielte der Straßenraum in seiner Funktion als Ort der nachbarschaftlichen und quartiersbezogenen Kommunikation eine wichtige Rolle bei der Umsetzung der menschengerechten Stadt (KIRCHENAMT 1984: 36).

Der immer noch ansteigende Verkehr wurde als Umweltproblem erkannt, so dass nun auch die Umweltverbesserung zum Wohle der Stadtbevölkerung im Rahmen des städtebaulichen Leitbilds der „ökologisch orientierten Stadtentwicklung" zu einem Primärziel wurde. Man versuchte dieses Ziel zu erreichen, indem weiterhin der ÖPNV gestärkt wurde. Gleichzeitig nahm auch das umweltschonende Fahrrad als Fortbewegungsmittel an Bedeutung zu.

Um die Städte sicherer und für den Fußgängerverkehr angenehmer zu gestalten, wurden die vormals getrennten Verkehre wieder gemischt und der Verkehr auf diese Weise insgesamt entschleunigt (SCHOTT: 32 ff.).

Die Stadtplanung arbeitet immer noch an der Erfüllung der „menschengerechten" und der „ökologischen" Stadt, so ist der übergeordnete Grundsatz der Verkehrsentwicklungsplanung die „stadt- und umweltverträgliche Abwicklung des Verkehrs". In diesem Grundsatz nehmen die Innenstadtbereiche jedoch eine Sonderstellung ein, *„(...) bei denen der Aufenthalts-funktion und damit den Nutzungsansprüchen von Fußgängern und Radfahrern sowie denen des ÖPNV zumindest partiell der Vorrang einzuräumen ist, während mit zunehmender*

Zentralität die Nutzungsansprüche des fließenden und ruhenden Kraftfahrzeugverkehrs weniger Bedeutung besitzen sollten." (STADTVERWALTUNG JENA)

Es finden sich heute Bürgerinitiativen, die den Straßenraum als Sozialraum begreifen und sich dafür einsetzen, ihn als Lebensraum wiederherzustellen. So wünscht sich zum Beispiel die Initiative Freiraum-Straße aus Jena einen sicheren und sozial vernetzten Lebensraum für Kinder als soziale Entlastung der Familien. Der zum Parkplatz degradierte Straßenraum schränke die Möglichkeit der sozialen Interaktion ein und durch die zentralisierten und vorgefertigten Begegnungsräume, wie zum Beispiel Spielplätze, bestehe eine Gefahr der sozialen Differenzierung und manchmal sogar Isolierung bestimmter Gruppen. Daher setzt sich diese Initiative für die Gründung von Spielstraßen ein, welche als Nebeneffekt auch als Begegnungsstätte aller Generationen und vielleicht sogar aller sozialen Schichten dienen sollen (INITIATIVE FREIRAUM STRASSE, 2006).

Abb. 9: Spielstraße

Auch Klaus Dieter Schlünder setzte sich 1998 mit einem Plädoyer in den Wuppertal Papers für eine kindgerechte Stadt ein. Vor allem der Straßenraum spiele eine große Rolle für die körperliche und seelische Entwicklung von Kindern, da sie viel Bewegungsfreiheit und Kommunikationsräume benötigen (SCHLÜNDER 1998: 4). Um den Kindern diese Räume trotz der zunehmenden Verkehrsdichte zu erhalten, schlägt Schlünder eine Verkehrs-beruhigung in städtischen Wohnquartieren unter Berücksichtigung der kindlichen Grund-bedürfnisse, wie zum Beispiel Sicherheit, vor. Diese Verkehrsberuhigung soll erreicht werden, indem in Wohngebieten die Fahrgeschwindigkeit reduziert oder der Autoverkehr ganz vermieden wird (ebd.: 16 f). Allgemein betrachtet, sei es das Ziel *„(...) in der Nähe von Wohnquartieren auf sämtlichen Verkehrsflächen der Aufenthalts- und Freizeitfunktion den Vorzug gegenüber der Verkehrsfunktion einzuräumen."* (ebd.: 16)

Die Bürgerinitiative Umweltschutz (BIU) setzt sich für den umwelt- und stadtverträglichen Verkehr in Hannover ein. Sie fordert *„(...) Beschränkungen für den Lastwagen- und Personenwagenverkehr, weiteren Ausbau des Nahverkehrs und mehr Vorrang für Fußgänger und Fahrradfahrer"*. Für Lastwagen fordert sie ein Nachtfahrverbot, da Lastwagen sehr viel mehr Lärm und Umweltbelastungen verursachen als andere Autos. Des

16

Weiteren werden verschärfte Tempolimits in den Umweltzonen gefordert. Auch die Einführung von Fußgängerzonen wird hier wieder thematisiert. So sollte jeder Stadtteil eine verkehrsberuhigte Hauptstraße haben, wie der hannoversche Stadtteil Linden-Nord es mit der Limmerstraße beispielhaft vormacht (HAZ 2007: 10). Diese Forderungen beziehen sich zwar in erster Linie auf die Umweltverträglichkeit des Stadtverkehrs, sie wirken sich aber natürlich auch stark auf die Aufenthaltsqualität in den Straßen aus.

6. Die Zukunft der Straßengestaltung und ihre Folgen für die Stadtplanung

Da bis heute keine wirklich befriedigende Lösung für den motorisierten Verkehr gefunden wurde, sollte bei der zukünftigen Stadtplanung die bisherige Entwicklung nicht unberücksichtigt bleiben. Seit fast drei Jahrzehnten wird nun das Leitbild der „menschen-gerechten und ökologischen Stadt" verfolgt, und es ist davon auszugehen, dass diese Tendenz auch in den nächsten Jahrzehnten beibehalten und verstärkt verfolgt wird. Vor allem die ökologische Richtung wird in unserem Zeitalter der Ressourcenknappheit und starken Umweltverschmutzung so bald nicht aus dem Mittelpunkt des Interesses verschwinden.

Auch das Leitbild der „menschen- bzw. kindergerechten Stadt" sollte in Anbetracht des bestandsorientierten Städtebaus als Grundsatz einer nachhaltigen Raum- und Siedlungs-struktur in Zukunft weiterverfolgt werden. Durch die vorrangige Innenentwicklung von Städten wird die Bevölkerungsdichte in den Städten wieder zunehmen und ein angenehm und sicher gestalteter Straßenraum wird eine Notwendigkeit darstellen.

Beim Neubau von Stadtgebieten sollten diese Entwicklungen von vornherein mit einbezogen werden, um auf spätere Umbaumaßnahmen verzichten zu können. Gerade in Wohngebieten sollten verkehrsberuhigte Gebiete eingeplant werden, aber auch in den Zentren sollte unbedingt die Aufenthaltsqualität des Straßenraums im Vordergrund stehen.

7. Quellenverzeichnis

7.1 Literaturverzeichnis

BICK, F.: Geschichte der Stadtplanung. Stand 07-09-08, http://www.supplement.de-/geographie/blotevog/raumpl/geschichte.htm

GABLÉ, R., 2001: Der König der purpurnen Stadt. Verlagsgruppe Lübbe GmbH & Co. KG, Bergisch Gladbach

HAZ, HANNOVERSCHE ALLGEMEINE ZEITUNG, 2007: Weniger Autos bedeuten mehr Qualität. Nr. 211

HILL, M., 1972: Wie kann die City mit dem Auto leben? In: AUFBAUGEMEINSCHAFT BREMEN (Hrsg.), 1973: Die „autogerechte" und „autolose" Stadt – eine Utopie. Unser Ziel die „menschenwürdige" – „funktionsgerechte" Stadt! Der Wiederaufbau, Verlag zur Förderung der Mitarbeit des Bürgers am Städtebau, Bremen

HILLEBRECHT, R.: Über den Wandel des Stadtbildes. Stand 07-09-08, http://www.anthes.org/hannover/geschichte/texte/hillebrecht.htm

HINTERMANN, N. & YANAY, S., 2007: Salve! Stand 07-08-12, http://th03acc0135.-swisswebaward.ch/index3.html

INITIATIVE FREIRAUM STRASSE (Hrsg.), 2006: Leben braucht Freiraum. Jena, Stand 07-09-11, http://www.freiraum-strasse.de/index.php?id=109

KIRCHENAMT (Hrsg.), 1984: Menschengerechte Stadt: Aufforderung zur humanen und ökologischen Stadterneuerung. Gütersloher Verlagshaus Mohn, Gütersloh

LANDKREIS DARMSTADT-DIEBURG: Das Leben im Mittelalter. Eine Zeitreise durch den Landkreis Darmstadt-Dieburg, Stand 07-08-14, http://www.ladadi.de/fileadmin/user_upload-/Medien/Abteilungen/III_1/zeitreise_5_hintergrundinformation.pdf

LANGENSIEPEN, F., 1990: Rheinische Straßen. Schauplatz, Lebensraum, Verkehrsweg. In: Eifeljahrbuch 1990, S. 16-27

LÄSSIG, K., LINKE, R., RIETDORF, W. & WESSEL, G., 1968: Straßen und Plätze. Beispiele zur Gestaltung städtebaulicher Räume. Verlag Georg D.W.CALLWEY, München

LESER, H., HAAS, H.-D., MOSIMANN, T. & PAESLER, R., 1997: DIERCKE-Wörterbuch Allgemeine Geographie. Westermann Deutscher Taschenbuch Verlag, München

LIMBOURG, M., 1998: Der Straßenverkehr im Wandel der Zeit. Stand 07-07-31, http://www.uni-duisburg-essen.de/traffic-education/alt/texte.ml/Einsteiger/SiW.pdf

LUISENSTÄDTISCHER BILDUNGSVEREIN E.V.: Straßendurchbrüche nach dem Giese-Plan (1925). Stand 07-09-05, http://www.luise-berlin.de/Stadtentwicklung/index_bse-_chron.htm

SACK, M., 1992: Lebensraum: Strasse. Schriftenreihe des Deutschen Nationalkomitees für Denkmalschutz, Band 14, Hamburg

SCHLÜNDER, K.-D., 1998: Von der „Auto"-Stadt zur „Kinder"-Stadt. Plädoyer für eine kindgerechte Stadtentwicklung. Wuppertal Papers, Nr. 84

SCHOTT, D.: Stadt und Umwelt in der Geschichte: Einführung in die Thematik des MA-Studiengangs. Stand 07-07-31, http://www.geschichte.tu-darmstadt.de/fileadmin/geschichte-/Schott/StUmw_24_10.pdf

STADTVERWALTUNG JENA: Ruhender Verkehr. Stand 07-09-11, http://www.jena.de/sixc-ms/detail.php?id=12337&_nav_id1=11217&_nav_id2=11328&_nav_id3=11138&_lang=de

STRASSENBAHN BERLIN: Die Berliner Pferde- und Eisenbahnen. Stand 07-09-03, http://www.berliner-verkehrsseiten.de/strab/Geschichte/Pferdebahnen/pferdebahnen.html

ZWACK, U., 2001: Vom römischen Alltag im Jahre Null. Stand 07-08-12, http://www-.lsg.musin.de/geschichte/geschichte/rom/pompeji/alltag.htm

7.2 Abbildungsverzeichnis